DE LA CHALEUR

ET

DU FROID

DE LA CHALEUR

COMME CAUSE ET EFFET DE LA VIE

ET

DU FROID

COMME MODIFICATEUR DE L'ORGANISME VIVANT

PAR

Emile MARTIN-DACLA,

Bachelier ès-lettres, Bachelier ès-sciences,
Chirurgien interne des hôpitaux de Lyon (concours 1858-59),
Externe des hôpitaux de Paris (concours 1857-58),
Élève de l'École pratique d'Anatomie de la faculté de Paris (concours 1856-57).

LYON
IMPRIMERIE DE B. BOURSY
Rue Mercière, 90.

1859

AVANT-PROPOS

Le but que je me propose en donnant de la publicité à cet opuscule, est uniquement d'appeler l'attention de mes collègues, comme moi au début de leur carrière, sur une méthode thérapeutique encore peu employée ; je veux parler de l'hydrothérapie.

A une époque à laquelle j'étais peu apte à juger et à apprécier la valeur des faits, mon père, qui guidait alors mes premiers pas dans les études médicales, cherchait à dissiper ses doutes, expérimentait, et des succès de chaque jour établissaient ses croyances sur les résultats de la nouvelle médication dans des maladies où la thérapeuthique ordinaire avait été jusqu'alors impuissante.

Je ne fus pas sans en être fortement influencé, aussi les quelques leçons que sa trop courte existence lui permit de me donner, me restèrent à jamais gravées dans l'esprit.

Livré depuis lors à moi-même, j'ai suivi assidûment les visites des grands hopitaux, et me suis également convaincu de l'infidélité d'une foule de médications, aujourd'hui vantées avec empressement, demain délaissées avec dédain. Je me suis donc fait un devoir d'étudier le traitement des maladies par l'eau froide. L'étude de la chaleur animale et du froid appliqué à l'organisme vivant s'offraient en première ligne à mes réflexions ; c'est par là que j'ai commencé, et ce sont elles que je soumets à l'appréciation de mes collègues et de mes maîtres.

Heureux, si, dans ce court travail, je puis me montrer digne du sujet que j'entreprends et des pensées que je développe !

DE LA CHALEUR

Chaleur animale et vie sont deux phénomènes qui, chez l'être organisé vivant, se lient d'une manière tellement intime, qu'il ne peut venir à la pensée d'isoler l'un de l'autre; ce sont deux faits qui resteront aussi inséparables que probablement inexplicables. Cette connexion est la principale base sur laquelle repose la méthode thérapeutique, connue sous le nom d'**Hydrothérapie**.

La chaleur est une manifestation de la vie, manifestation primordiale, intime; elle est la condition *sine quâ non* de toute existence; sa soustraction dans des proportions données entraîne la mort.

Les physiologistes de tous les temps ont voulu déterminer le foyer de la calorification animale; leurs théories sont empreintes le plus souvent des idées qui dominaient leur époque. Beaucoup d'entre elles, qui pouvaient paraître admissibles alors qu'elles furent émises, ne sont même plus à discuter aujourd'hui; la faute n'en est certes point à leurs auteurs, ils fondaient l'édifice de la science et n'étaient pas, comme nous, riches des matériaux qu'ils nous ont laissés. Qui sait si la postérité, aussi sévère que nous le sommes pour nos devanciers, plus éclairée peut-être sur le secret de la vie, ne nous tiendra pas compte du temps que nous avons perdu à vouloir soumettre les actes vitaux aux lois de la mécanique, de la physique ou de la chimie! J'éviterai de fatiguer le lecteur par l'énumération de toutes ces théories, bien qu'elles se rattachent les noms les plus recommandables des temps passés; ce serait faire de l'histoire, elle ne nous mènerait pas à la découverte de la vérité. Il est cependant une de ces théories qui, quoique prenant sa source d'un peu loin, a été assez bien assise, pour traverser une longue suite d'années, arriver jusqu'à nous, en subissant cependant quelques modifications, et être encore admise par un grand nombre de médecins [1]. Celle-là, soit à cause de son importance, soit à cause du nombre et de la valeur des médecins qui l'ont adoptée, mérite un examen sévère et tout particulier; je veux parler

---

[1] Je me sers à dessein de cette dernière dénomination, par ce que c'est à eux que je m'adresse plutôt qu'aux physiologistes proprement dits. Cette sorte de distinction pourrait paraître hors de propos, blessante même pour quelques-uns; loin de moi cette dernière pensée, mais, il faut le dire, il est peu de praticiens qui ne négligent l'étude de la physiologie pour celle de la médecine pratique, et qui, à cause de cela, ne restent imbus des idées physiologiques qu'ils ont acquises dans leurs études élémentaires.

de celle qui, émise d'abord par Mayow, fut ensuite fécondée par les Black, les Lavoisier, les Delaplace, les Séguin, les Richerand, etc., de celle enfin qui admet les appareils de la respiration et de la circulation pour foyers de la calorification.

Au point de vue de ces physiologistes, l'acte de la calorification est une fonction ; il avait besoin pour s'effectuer des conditions communes et indispensables à l'exercice de tous les actes physiques et vitaux : l'organe ou les organes de support, le stimulus ou l'imitateur du support, et leurs capacités réciproques. Le premier était les poumons, le second l'oxigène, en tant que partie constituante de l'air atmosphérique, le troisième, ce principe insaisissable, immatériel, duquel tout phénomène dérive, et que nous nommerons avec l'illustre Bartez, *principe vital*. D'après certains d'entre eux, l'oxigène étant un des fluides élastiques qui contient le plus de calorique à l'état de combinaison, doit pendant l'acte de l'artérialisation du sang, abandonner ce calorique latent au fluide nourricier qui est destiné à le répandre dans toutes les parties du corps. Les plus modernes, Liébig (1) entre autres, précisent mieux l'opération ; l'oxigène de l'air se portant sur le carbone du sang, opère dans tout le système circulatoire une vraie combustion, qui dégage autant de calorique que si elle avait lieu à l'air libre. Cette théorie était loin de suffire,

(1) Justus Liebig, 18e *Lettre sur la Chimie*.

à toutes les exigences d'une sévère logique; ce foyer calorigénésique ne pouvait produire et entretenir dans le corps une température fixe et constante de 29 à 30 dégrés Réaumur. Il ne parut pas en rapport avec les pertes incessantes que le milieu extérieur cause à notre économie, on en demanda d'autres à la chimie, on lui offrit encore nos organes pour laboratoire. Ecoutons un instant le professeur Richerand [1] :

« La chaleur du corps est non-seulement produite par les combisons pulmonaires et circulatoires ; elle se développe encore dans plusieurs organes, où les substances fluides et gazeuses se solidifient en abandonnant une portion de leur calorique. Ainsi, la digestion, surtout celle de certains aliments, est une source abondante de chaleur ; la peau habituellement frappée par le contact de l'atmosphère, la décompose et lui enlève également son calorique ; enfin, la chaleur naît et se dégage dans toutes les parties dont les molécules, agitées par un double mouvement en vertu duquel elles se composent et se décomposent sans cesse, en changeant d'état et de consistance, absorbent ou dégagent plus ou moins de chaleur. »

J'abandonne pour un instant la première et la plus capitale des propositions de l'auteur que je viens de citer, j'y reviendrai longuement après avoir dit quelques mots

[1] Richerand, *Nouveaux Eléments de Physiologie*, 7me *éd., t. I, page* 428.

au sujet de celles qui la suivent. « La chaleur se développe » encore dans plusieurs organes, où les substances fluides » et gazeuses se solidifient en abandonnant une portion » de leur calorique. » Ici Richerand se trouve d'accord avec plusieurs physiologistes, qui font provenir la chaleur de toutes les fonctions dont le but est de déterminer un changement d'état dans la matière, la digestion, les sécrétions, la nutrition; ces auteurs me paraissent se rapprocher davantage de la vérité que Josse et Bichat, qui partant cependant du même point de vue, limitent le pouvoir pyrétogénésique à cette dernière fonction. C'est toujours en invoquant une des lois de la chimie que l'on dit la chaleur produite par le passage des substances liquides et gazeuses à l'état solide. Si pour un moment j'accepte cette explication, on ne peut me refuser, toujours en vertu de la même loi chimique, bien acceptée et bien formulée, qu'il y a production de froid lors du passage des substances solides à l'état liquide ou gazeux. Or, nous le savons, le mouvement continu de composition et de décomposition a pour effet constant, la solidification des matériaux étrangers mais alibiles à nos organes, et la fluidification et la gazéification de nos solides devenus hétérogènes. Or, comme il ne nous est pas donné de pondérer ces deux sommes de calorique et de froid, il m'est permis de croire qu'il y a égalité de production ou plutôt neutralisation, partant zéro : mais attendu que l'organisme doit émettre des quantités immenses de calorique, soit pour ses besoins intimes, soit pour subvenir aux pertes énormes que lui font subir les agents du dehors, et qu'il nous répugne d'admettre que le grand mouvement de composition et de décomposition soit perdu pour la calorification ; nous sommes bien obligés d'avouer que la chimie, incapable de nous rendre raison de ce phénomène, doit céder la place à la puissance vitale, que personne n'explique mieux, mais dont chacun de nous a le sentiment intime. J'étais donc fondé à dire en commençant que la chaleur est aussi inexplicable que la vie.

Est-il bien vrai que la peau soit un organe de calorification? C'est un fait accepté que les végétaux cellulaires, que les animaux sans canal digestif, les infusoires, les polypes, les entozoaires, et en général tous ceux qui occupent le bas de l'échelle zoologique, respirent par la surface du corps, mais cette loi de la nature qui frappe les êtres si bas placés, va en diminuant d'importance jusqu'à l'homme qui tient le premier anneau de la chaîne, d'où il résulte que si celui-ci respire par la peau, c'est à un si faible degré, qu'il devient pour nous presque inutile et oiseux de le rechercher, faudrait-il encore admettre que la respiration est la fonction calorigénésique. Il se fait à la vérité un échange de gaz entre l'atmosphère et notre surface cutanée, mais celle-ci donne plus en carbone et en azote qu'elle ne reçoit en oxigène, et quand même une combustion périphérique aurait lieu, je ne vois pas en quoi cette opération servirait à la calorification intime. Je vais plus loin, la peau étant en contact avec un milieu presque toujours à une température plus basse qu'elle, est un organe de transmission de froid, elle perd sans cesse par la transpiration insensible des quantités énormes de liquides, qui se réduisant en vapeur déterminent du froid en vertu de la loi chimique bien connue. Ce froid à la surface d'abord, doit se communiquer de proche en proche à l'intérieur à cause de la conductibilité dont sont doués nos tisus.

Que la digestion, celle surtout de certains aliments soit une source abondante de chaleur, je ne le nie pas; bien plus, je crois que cette fonction appelant le plus d'organes à opérer son parfait accomplissement, est celle aussi qui développe le plus d'orgasme vital, et par conséquent le plus de chaleur. Ce qu'il m'importe surtout, c'est de déposséder la respiration de la suprématie que lui ont accordée les chimistes, dans la production de la chaleur organique. Qu'il me sois permis, pour faire ma preuve, de présenter quelques faits de différents ordres.

L'homme subitement exposé pendant la saison chaude à une basse température, succombe irrésistiblement à la soustraction de calorique qu'il aurait supportée sans peine en hiver; il est incapable de réagir. Pourquoi ses poumons, s'ils sont les vrais et principaux foyers pyritogénésiques, lui font-ils défaut, bien qu'ils aient à respirer un air condensé d'un dixième, d'après l'estimation de Hales, un air qui, sous un même volume, contient une plus grande proportion d'oxigène? Edwards[1] nous apprend qu'il se fait un changement considérable dans la constitution des animaux à sang chaud par l'influence des saisons : l'élévation soutenue de température diminue la faculté de produire de la chaleur ; l'état opposé l'augmente.

Les expériences de Davy, Mayer, Becquerel et Breschet nous autorisent à admettre que le sang qui est contenu dans le ventricule gauche, dans la carotide, et par conséquent dans tout le système artériel, est de un à deux degrés Fareineth plus élevé que celui qui circule dans le ventricule droit, la jugulaire, et généralement dans tout le système à sang noir. De bonne foi, je ne puis admettre que cette différence de température presque inappréciable, qui provient ou de l'oxigénation récente du sang, ou de l'acte du mouvement vital qui vient de s'opérer, puisse suffire à nos besoins. Si l'oxigène inspiré donnait chimiquement la chaleur au sang, si celui-ci devait la communiquer à tout le corps, la vitesse de la circulation (notez que je ne dis pas l'activité circulatoire) serait une condition immanquable de développement plus grand de chaleur animale ; si d'après la remarque d'Autenrieth, elle est de 1 degré 1/2 F. moindre pendant le sommeil, si le refroidissement est plus facile dans cet état, la cause en est moins dans la plus grande lenteur de la circulation, que dans le défaut complet d'exercice musculaire, et la diminution de l'action vitale.

---

(1) Edwards, *Influence des Agents physiques sur la vie.*

Nous savons combien sont frilleux les convalescents, même ceux chez lesquels le pouls reste fréquent, à tel point que sans l'absence de la chaleur à la peau nous les croirions encore atteints de fièvre; il en est de même des anémiques et de certains chlorotiques qui souvent présentent beaucoup de vitesse dans le pouls. Chez ces sujets, ce n'est point à coup sûr l'oxigène qui manque à leurs poumons et à leur sang, mais ce qui leur fait défaut, c'est l'énergie vitale de tout l'ensemble, cette puissance si éminemment créatrice de la chaleur.

Je citerai à ce propos une observation d'un auteur[1] le docteur Pidoux, qui a consacré ses veilles à élucider cette question de haute physiologie à l'aide des notions pathologiques, et qui l'a embrassée sous un point de vue plus large et plus philosophique qu'on ne l'avait fait jusqu'à lui. « Nous avons actuellement sous les yeux, dit-il (p. 155), un enfant de trois ans, dévoré par un accès de fièvre des plus violents. La chaleur est extrêmement élevée, le pouls développé bat cent quarante-quatre fois par minute, l'accès vient de cesser, la chaleur est douce et normale (il n'y a eu de sueur ni pendant l'accès, ni maintenant qu'il est terminé.) L'injection de la face, l'assoupissement et les rêvasseries sont dissipés; l'enfant, qui a recouvré ses sens, jouerait volontiers et

[1] Trousseau et Pidoux, *Traité de Thérapeutique*, 1re édit., *art.* Médication antiphlogistique.

demande à se lever. Le pouls bat toujours cent quarante-quatre fois par minute, il est encore dur et fort. »

Voyez par ce fait, qui est bien loin d'être unique, la persistance de l'accélération du pouls, coïncidant avec l'abaissement de température, et, notez-le, sans que l'organisme ait déployé son grand moyen de déperdition de calorique (la sueur).

La ligature du nerf principal d'un membre est instantanément suivie d'un froid intense dans les parties auxquelles il distribue ses filets. Elliot, Home, Richerand, nous en fournissent plusieurs exemples. Certaines paralysies frappent de froid les parties qui en sont atteintes, et la circulation n'y languit pas. Ce refroidissement n'est pas dû à la cessation de la chaleur par influx, car il est permanent jusqu'à un certain point, contrairement au caractère de la chaleur dite nerveuse, qui est intermittente, et dans le cas où je serais dans l'erreur en émettant cette opinion, je tirerais de cette erreur même une nouvelle preuve contre la théorie que je combats. Je demanderai si le cataleptique dont la respiration est à peine sentie, si le pneumonique, le tuberculeux, dont souvent tout un poumon est imperméable, sont froids et glacés? Ne sont-ils pas susceptibles d'atteindre le summum de la chaleur animale? Dans certaines fièvres la respiration est normale, dans d'autres, elle est même au-dessous de son rythme, malgré que la chaleur à la peau soit vive et mordicante. Dans la maladie bleue, ainsi que le fait observer Adelon, l'oxigène manque au sang, le corps est souvent chaud, c'est tout au plus si les extrémités sont fraîches. Chez les asphyxiés rendus à la vie, l'apparition de la chaleur précède celle de la respiration.

A ce propos je ne puis résister au désir de rapporter ici un fait que m'a cité plus d'une fois mon père dans nos trop courts entretiens sur la physiologie; outre que cette observation confirme ce que je viens d'avancer en dernier lieu et se rattache par là directement à mon sujet, j'ai pensé qu'il pourrait en ressortir un enseignement pratique bien utile, et à ce titre je me fais un devoir de la communiquer. Il s'agit d'un asphyxié par submersion.

Un jeune garçon âgé de treize ans, occupé dans un atelier de teinture, se laissa tomber dans le canal qui sillonne la ville d'Avignon. Il disparut bientôt à tous les yeux, passa sous une quinzaine de roues hydrauliques, et ne fut retiré qu'après environ deux heures de submersion, à 7 ou 800 mètres du lieu de sa disparition. Le peu de courant de l'eau, l'arrêt causé par les roues hydrauliques, le courant en sens inverse causé par chacune d'elles, sont la cause du temps qu'il a mis à parcourir ce trajet.

On l'avait porté dans l'étuve d'une boulangerie voisine. Là, après l'avoir entièrement dépouillé de ses vêtements, un homme d'une stature et d'une force peu communes, le tenait suspendu par les pieds et lui imprimait de violentes secousses, excité qu'il était dans ses brutales manœuvres par la foule des curieux et des officieux.

A l'arrivée de mon père, le corps était entièrement froid, les membres en résolution, la face bouffie, cyanosée, les yeux ternes; la respiration abolie, les battements du cœur absolument nuls. Malgré des signes aussi complets d'asphyxie, mon père ne désespéra pas; sur la table même où le corps avait été déposé, il le fit recouvrir de cendres chaudes, le frictionna avec des brosses douces, introduisit profondément le doigt dans la bouche pour la débarrasser des mucosités; *elle était glacée*. Il fit insuffler dans le rectum de petites quantités de tabac, titilla l'intérieur du nez avec une barbe de plume humectée d'ammoniaque liquide, et s'efforça enfin par tous les moyens connus d'établir une respiration artificielle. Depuis plus d'une heure il exécutait toutes ces manœuvres; il lassait ses aides et commençait à se lasser lui-même. Auscultant le cœur de rechef, il le trouva muet. Découragé, il allait abandonner la partie, lorsqu'ayant introduit de nouveau le doigt au fond de la gorge, il le sentit entouré d'une atmosphère douce, presque halitueuse. Dès-lors, il annonça le prochain retour à la vie; moins d'un quart d'heure après, le *cadavre parlait*.

C'était un pauvre ouvrier, mais il récompensa largement mon père de ses soins. Pendant plusieurs années, je l'ai vu moi-même venir à l'époque du premier de l'an, et s'adresser à mon père, en lui disant ces seuls mots: « C'est le noyé qui vient vous remercier. »

Une année, il cessa de venir; il avait cessé de vivre!

On m'opposera vainement l'exemple des cholériques asphyxiés ou sur le point de l'être, dont la chaleur intérieure n'est qu'à 20° ou 21° R.; je répondrai que chez eux, le froid ne dépend pas seulement du défaut des fonctions respiratoires et circulatoires, mais de l'affaiblissement de toutes celles qui, réunies, entretiennent un souffle de vie prête à s'éteindre; les tissus eux-mêmes perdent leur propriété, la peau conserve les plis qu'on lui imprime. Je vous dirai encore: Donnez-moi de la vie, je vous donnerai de la chaleur, ou si mieux vous aimez, donnez à mon malade de la chaleur animale intérieure, et avec elle la vie se soutiendra.

Je demanderai maintenant quelques renseignements à la physiologie comparée; aidée des vivisections, elle peut le plus nous éclairer sur les questions de physiologie humaine, attendu qu'elle prend les actes de la vie pour ainsi dire sur le fait.

Brodie [1] a prouvé qu'après la décapitation, la section de la moëlle allongée, la destruction du cerveau ou l'empoisonnement par le woorara, on pouvait en insufflant de l'air dans la poitrine, et opérant ainsi une respiration artificielle, entretenir la circulation et la métamorphose du sang dans les poumons, ce dont il s'est assuré par l'analyse des gaz; mais ce qu'il a prouvé aussi dans ce cas, *c'est qu'il n'y avait plus production de chaleur,* et que

[1] Brodie, *Œuvres*, tome II, Paris 1824.

l'animal se refroidissait même plus rapidement que quand on n'entretenait pas la respiration artificielle. L'oxigène est absorbé, même en plus grande abondance d'après les observations de Legallois, le gaz acide carbonique est exhalé, la combustion a lieu et cependant la température du corps baisse, la calorification est en défaut; que devient donc notre opération chimique? Dans une de ces vivisections, un chien fut décapité; après qu'on eût préalablement lié les vaisseaux du cou, la chaleur baissa immédiatement pour ne plus se rétablir, la respiration fut artificiellement entretenue, le sang s'oxigénait, la circulation s'opérait, et ce ne fut que 55 minutes après le commencement de l'opération que le pouls commença à s'altérer.

M. Bérard (1), pour qui la respiration est la source principale, sinon unique de la chaleur animale, me paraît quelque peu embarrassé à l'endroit de ces expériences qui me semblent concluantes, aussi ne les refute-t-il pas très-victorieusement; elles ont été d'ailleurs répétées et confirmées par Chaussat (2) qui les a consignées dans ses Annales de physique.

Edwards va plus loin, il prétend, appuyé sur des expériences qui paraissent très-significatives, — et qu'il serait trop long de rapporter, — que la respiration et la circulation, loin d'être des foyers de calorification, sont, au contraire, des moyens de déperdition de chaleur; en

(1) *Dictionnaire de Médecine*, 2me édition, tome VII, page 205.

(2) Chaussat, *Annales de Physique*, tome 41.

ceci il se rapproche de l'opinion d'Hippocrate et de Galien, qui pensaient que la respiration rafraîchit le sang.

Si l'on m'objecte que dans ces vivisections la puissance vitale a été anéantie par le fait même de l'opération, et que c'est à cause de cela que la calorification a été suspendue, je dirai oui, bien certainement, mais j'ajouterai que cette puissance, qui subsistait encore à un assez haut degré pour permettre que l'air oxigénât le fluide nourricier, que celui-ci circulât, aurait dû nécessairement permettre la formation du calorique, si l'émission de ce dernier était, ainsi que le veut l'école que je combats, le résultat direct, immédiat, chimique enfin, de la combinaison de l'oxigène avec le sang.

En d'autres termes, l'oxigénation du sang étant le fait primitif capital, son résultat immédiat, secondaire, mais fatalement subordonné doit se produire, et si ce fait secondaire n'a pas lieu, je suis autorisé à dire qu'il n'y a pas rapport de causalité entre ces deux phénomènes. Opérez un mélange d'acide sulfurique et d'eau, le premier phénomène appréciable à nos sens, est l'émission du calorique. Celle-ci ne manquera pas, elle est l'expression tactile la plus évidente de la combinaison opérée; aussi, dans ce cas, suis-je autorisé à admettre qu'il y a rapport direct de causalité entre l'acte chimique et la chaleur perçue. Je dis donc que dans les expériences que j'ai rapportées, la chaleur a disparu, que son foyer s'est éteint, parce qu'une profonde atteinte a été portée à la vie, et que, par la même raison que celle-ci devait bientôt être anéantie, sa manifestation la plus intime devait s'éclipser avec elle.

Chaussat[1], que je nommais tout-à-l'heure, ayant soumis des animaux à une diète absolue, vit chez eux la chaleur baisser avec rapidité, et atteindre à 24°,9., qui est le degré auquel succombent le plus grand nombre d'entre eux, quand ils sont immergés dans un milieu de cette température. Dans cet état de mort imminente, les ayant réchauffés doucement et d'une manière soutenue, leurs fonctions se rétablirent, ils purent manger et digérer, mais l'appétit et la digestion s'arrêtèrent dès que le réchauffement artificiel fut suspendu ; ils devinrent incapables de produire du calorique, et cependant la respiration était normale.

Les physiologistes localisateurs ne sont pas plus heureux quand ils appellent à l'appui de leur théorie le froid des hibernants, celui des poissons, etc.

Le phénomène de l'hibernation est, chez les animaux dormeurs, la conséquence fatale obligée du retour de l'hiver ; il est pour eux ce que sont à d'autres la mue, les migrations, le rut, et pour les plantes le sommeil d'hiver ; cela est si vrai, que souvent ils s'éveillent au printemps sous une température plus basse que celle qui a déterminé leur sommeil. Les expériences de Pallas et Spallanzani sembleraient prouver qu'il peut être produit à volonté par l'application du froid continu, par l'immersion dans une

(1) Chaussat, *Recherches expérimentales sur l'inanition*, 1843.

glacière, par exemple. Il n'est pas étrange que les expérimentateurs que j'ai cités, aient engourdi et même endormi des loirs, des hérissons et des marmottes, par leur exposition prolongée à un froid artificiel. A part leur prédisposition, ces animaux ont cela de commun avec tous ceux qui sont soumis à la même influence, avec cette différence que l'organisation de ceux qui sont rangés hors de cette classe, ne permet pas de tenter l'expérience sans quelque danger. L'excès du froid dispose l'homme au sommeil; malheur à lui s'il y succombe!

Revenons au phénomène. Il est caractérisé par l'abaissement de la température propre de l'hibernant, par l'engourdissement et le sommeil. Dès-lors, la respiration cesse, l'animal plongé dans un gaz irrespirable n'en reçoit pas de fâcheuse atteinte, il continue à y vivre.

Spallanzani a constaté que l'air dans lequel il avait plongé plusieurs individus de cette famille, n'avait pas été altéré. Saissy assure aussi que les muscadins et les hérissons ne consomment pas d'oxigène, quoique leur température soit encore à 3° cent. La nutrition semble s'opérer encore, l'animal consomme la graisse qu'il a mise en réserve dans le cours de l'automne. Il paraîtrait que c'est à cette fonction qu'il doit de conserver un reste de chaleur. Ce qui est bien certain, c'est qu'il ne le doit pas à la respiration, que nous avons démontrée être tout-à-fait nulle.

Les poissons jouissent d'une température propre, mais

qui en général est à peu près d'un demi-degré à un degré cent. au-dessus de celle de l'eau dans laquelle ils vivent. Deux faits importants m'ont frappé dans cette étude ; nous devons à Davy de nous les avoir fait connaître. Le *thymus pelamys* a en propre une température de 99° Far., la mer étant à 80°,5. Celle du *thon* ordinaire est aussi beaucoup plus élevée que celle des autres poissons qui ont été observés.

Les *cétacés* ont une température souvent supérieure à celle de plusieurs autres mammifères terrestres. « *In ipsis rigidissimis undis, maris glacialis, calet sanguis cetorum* (1). »

L'eau, d'après Hunter, ne gèle pas immédiatement autour des poissons ; ils ont la faculté de se maintenir vivants dans l'étroite prison que leur chaleur leur a ménagée. Hâtons-nous de dire que cette faculté a des bornes. Remarquons d'abord qu'un cube d'eau donné ne contient qu'un vingtième de la quantité d'oxigène contenu dans un pareil cube d'air atmosphérique. Les poissons pourvus de faibles appareils respiratoires ne devaient avoir besoin pour vivre que de très-petites quantités d'air ; leur sang est froid, leur température propre est basse.

Cette dernière observation semblerait donner gain de cause aux pneumatistes, mais elle est nécessairement réduite à peu d'importance par les suivantes. Comment

(1) Boerhaave, *Prœfectiones anatomicæ.*

expliquer la chaleur relativement si élevée du *thymus pelamys,* et celle du *thon* ordinaire? Ces animaux ne sont pas pourvus d'organes respiratoires plus puissants que les autres, et si Eschricht a trouvé chez eux quelque légère différence d'organisation intime, il l'a rencontrée aussi chez d'autres poissons qui n'ont pas la même faculté calorigénésique.

Remarquons aussi combien doit être infiniment faible la proportion d'oxigène qui vivifie la petite quantité d'eau à l'état liquide dans laquelle le poisson vit au milieu des glaces. Si donc, l'oxigène était le générateur de la chaleur animale, il serait immédiatement consumé par la respiration et la réfrigération incessantes; que deviendrait le poisson?

Pour dernière observation à ce sujet, je dirai que tout être vivant étant en conflit continuel avec les éléments pour se soustraire à la loi de l'équilibre, doit faire une dépense d'autant plus grande de calorique, qu'il habite un milieu plus froid ou au moins meilleur conducteur; cette loi étant posée, — et on n'a pas manqué de l'appliquer à l'habitant des pôles, qui, d'après la théorie de Liebig, perdant plus de calorique, doit absorber plus d'oxigène et consommer plus d'aliments, — il est raisonnable de dire que le poisson doit jouir d'une faculté pyrétogénésique bien grande, quoique sa température observée soit très-basse, puisque son milieu est dans les conditions physiques de meilleure conductibilité que l'air, et certes. il ne doit cette puissance, ni à celle de ses organes respiratoires, ni à la quantité d'oxigène qu'il absorbe.

Je pourrais accumuler ici bon nombre d'autres exemples pris dans les ordres physiologique et pathologique, mais je crois avoir prouvé surabondamment que la calorification, en tant que fonction, ne pouvait prendre sa source principale dans un organe destiné à une des fonctions les plus importantes[1].

Ce fait sera confirmé si l'on réfléchit à ce qui se passe chez les animaux inférieurs; là où la vie est simple, où s'exécutent peu de fonctions, l'organisation est simple aussi, elle a peu d'organes à son service. Le nombre des uns et des autres augmente à mesure qu'on monte les degrés de l'échelle zoologique. La main qui nous créa était assez puissante pour éviter cette surcharge, qui serait sans exemple dans notre économie.

Je m'abstiendrai de passer en revue les diverses théories des anciens, elles sont sans portée aujourd'hui, mais il en est de plus récentes qui méritent à tous égards d'être prises en grande considération. Il me suffira de les énoncer aussi brièvement que possible. Deux d'entre elles se rattachent de très-près à la précédente; c'est surtout en vue de l'importance de leurs auteurs, et de la manière

---

[1] Si les poumons avaient pour fonction exclusive de produire de la chaleur, la température devrait y être plus élevée que partout ailleurs; Davy a rencontré dans ces organes une température égale à celle du foie. (Burdach, *Physiologie*, t. IX p. 630.)

lucide et vraiment séduisante avec laquelle elles sont présentées, que j'ai été un peu long dans la réfutation qui devait s'appliquer à celles-ci dans la plupart de ses points.

Muller(1), soumettant encore la calorification à une combinaison chimique, en a déplacé le foyer; selon lui, la chaleur animale résulte de la formation de l'acide carbonique dans l'intérieur du corps. L'oxigène fourni par l'atmosphère passe dans le sang et l'artérialise. A partir de ce moment, la carbonisation commence, et devient d'autant plus complète que le sang artériel prend les qualités de sang noir, de sorte que la formation de l'acide carbonique ayant lieu dans toute l'étendue de l'arbre circulatoire, la chaleur qui en dépend doit se produire dans toutes les parties qui sont baignées par ce fluide.

A cela, Muller ajoute, comme tous les autres physiologistes d'ailleurs, que l'opération ne peut avoir lieu sans l'influence vitale. A l'aide de cette théorie, l'auteur croit pouvoir expliquer le défaut de chaleur propre dans l'embryon des mammifères, celui-ci n'ayant pas encore absorbé d'oxigène. Il me semble que cet état négatif n'avait pas besoin de cette explication. Ou l'embryon est soumis au calorimètre pendant sa vie intra-utérine, et alors, ne vivant absolument que de la vie de la mère, il tombe sous les sens qu'il ne pouvait avoir d'autre chaleur que celle qui provient d'elle, ou il est observé dans sa vie extra-utérine,

(2) Muller, *Manuel de Physiologie*, t. I, Paris 1845.

et alors n'ayant pas encore en lui-même des conditions suffisantes d'existence, il ne peut conserver sa chaleur innée, il ne tarde pas à subir la loi des corps inorganiques, et à partager la température du milieu ambiant. Mais l'œuf des ovipares fécondé, résiste à un froid qui désorganise celui qui ne l'est pas, est plus rebelle que lui à la coction; la semence de l'arbre, le fruit, ont en propre une température supérieure à celle de l'atmosphère, c'est que la nature a voulu que les êtres, quoique détachés de la mère, conservassent la vie en puissance, eussent en eux de quoi vivre pendant un certain temps, de leur vie propre, indépendante, mais embryonnaire, dès-lors, et attendu que vie et chaleur sont inséparables, ils ne pouvaient subir la loi de l'équilibre.

Plus chimiste que médecin, le professeur Liebig [1] assimile le corps entier à un vaste laboratoire dans lequel s'opère une vraie combustion. Le carbone des aliments, en se transformant dans le corps des animaux en acide carbonique, dégage exactement autant de chaleur que s'il brûlait directement dans l'air ou dans l'oxigène. Le thermomètre vital monte ou baisse, selon qu'une plus ou moins grande quantité d'oxigène est absorbée par les poumons dans un temps donné. Le corps de l'animal, enfin, est un vrai poële, qui irradie d'autant plus de calorique qu'il est plus alimenté de combustible. Le froid extérieur

---

(1) Liebig, *op. cit.*

oblige l'organisme à émettre une plus forte somme de calorique, il doit augmenter l'appétit. La faim dispose au froid; l'homme qui se chauffe beaucoup mange peu. Ce sont des vérités qui se réduisent à dire que, dans l'ordre physiologique, l'abondante émission de calorique n'est pas une perte moins réelle que celle qui est causée par le flux immodéré des sueurs, des urines, par l'exercice forcé, etc., et que l'alimentation est le seul moyen de réparer ces pertes.

Si pour un moment j'accordais à Liebig que l'oxigène et l'aliment sont les producteurs uniques de la chaleur animale, l'un comme élément comburant, l'autre comme corps combustible, je lui demanderais immédiatement quel est l'acte qui se produit dans l'économie indépendamment de ces deux agents? Concevrons-nous quelle que ce soit de nos fonctions, digestion, circulation, nutrition, respiration, etc., concevrons-nous enfin la vie sans l'aliment et sans le gaz vital? Pourquoi donc leur attribuer la propriété exclusive de produire la chaleur animale? C'est se donner la satisfaction de faire l'application des sciences positives aux actes intimes de la vie, qui, quoi qu'on fasse, se soustrairont toujours aux lois de la physique, de la chimie et de la mécanique, lois que le Créateur a destinées à tout jamais à la matière brute inorganique et à la matière organisée *morte*.

Pour le professeur Adelon ([1]), la calorification est une

([1]) Adelon, *Physiologie de l'Homme*, t. 3.

fonction qui s'opère à l'aide du sang artériel dans les systèmes capillaires des organes, dans cette trame cellulo-vasculo-nerveuse qui constitue les parenchymes. Il n'existe pas selon lui de foyer local spécial.

Toute partie jouissant d'une température propre, indépendante de celle des organes voisins, doit dégager une somme de chaleur qui est en rapport avec son degré de vascularité, de vitalité, et qui répond non-seulement à ses besoins, mais encore aux besoins généraux de l'économie.

Cette opinion est corroborée par celle de Bichat, qui fait remarquer que chaque système a un mode particulier de chaleur, comme chaque glande son mode propre de sécrétion, chaque tissu son mode de nutrition. « Comparez, dit-il, la chaleur âcre et mordicante de l'érysipèle à celle du phlegmon, certaines chaleurs sourdes et obtuses, avant-coureurs des affections organiques, aux chaleurs aiguës des inflammations diverses ; appliquez la main à la peau dans les différentes fièvres, vous verrez que chacune est presque marquée par un mode particulier de chaleur. »

Cette théorie d'Adelon rend assez bien raison du froid et de la chaleur morbides locaux, c'est ce que n'ont pas pu faire les précédentes. Mais je n'admets pas pour preuve à l'appui celle qui, parmi plusieurs autres, insuffisantes d'ailleurs, nous est donnée par ce physiologiste comme la plus convaincante, c'est-à-dire que, si on paralyse les parenchymes en coupant ou liant les nerfs qui les vivifient, et les artères qui leur apportent le fluide nourricier, il n'y a plus de calorification, et la partie se refroidit. Je dis que la section des nerfs et des vaisseaux qui animent une partie, non-seulement la paralyse, mais la frappe de mort, non point parce que la calorification ne s'y opère plus, mais parce que là où est la mort, la chaleur animale ne peut plus exister. Que si cependant, la section était faite dans un point où la circulation et l'innervation puissent se produire par les branches collatérales, la calorification se produirait encore dans l'organe, en raison directe de la somme de sang et d'influx nerveux, par conséquent de vie, qu'il recevrait d'elles. J'avais donc raison de dire en commençant que vie et chaleur étaient deux faits nécessairement embrassés dans la même pensée.

Le sang artériel étant plus chaud qu'aucune autre partie de notre économie, Burdach (¹) a pensé que c'était en lui que nous devions chercher le siége de la chaleur, et que c'était dans les vaisseaux capillaires qu'elle se produisait. A l'appui de ces deux propositions, il fait remarquer qu'ainsi que la chaleur, le fluide vital est répandu dans toutes les parties vivantes, que son intensité est en raison du nombre des vaisseaux sanguins distribués à un organe; qu'une partie rougit ou pâlit, s'échauffe ou se refroidit, selon qu'elle reçoit plus ou moins de sang que dans l'état normal. La pléthore sanguine et l'état contraire sont accompagnés, l'un d'augmentation, l'autre d'abaissement de

(¹) Burdach, *op. cit.*

température. Tous ces effets, dit-il, sont subordonnés à l'influence de l'activité vitale. Plus loin il ajoute, d'après Hood, qu'elle est un effet de l'action réunie des nerfs et du sang. Autant eût valu dire que là où la vie est en plus, la chaleur est plus importante, et comme nerfs et sang sont les moyens les plus indispensables à toute manifestation vitale; sans eux, plus de vie, plus de chaleur. Mais ici rien n'est expliqué, le phénomène et la condition sous laquelle il se produit sont indiqués, voilà tout.

Le docteur Pidoux (1), dans un travail dont on ne lui a pas tenu assez bon compte, s'est attaché à prouver que la chaleur animale est de deux ordres, qu'elle est jusqu'à un certain point le résultat de deux fonctions, qui chacune reconnaît son appareil, son incitateur, et leur moteur, ou autrement dit, selon l'expression du célèbre Récamier, leur capacité réciproque. Le tissu cellulaire, le sang, et leur force de capacité réciproque, soit le *principe vital*, constituent l'appareil de la calorification vitale ou végétative. Dans l'arbre encéphalo-ganglionnaire, dans les substances extérieures assimilables (air atmosphérique et aliment), enfin dans la puissance transmise aux appareils de l'innervation par ceux des fonctions vitales communes, se trouvent le support, le stimulus et la force de capacité réciproque, de leur action synergique naît la chaleur nerveuse, ou par influx. En d'autres termes, la chaleur

(1) Trousseau et Pidoux, *op. cit.*

végétative est celle qui se produit à l'extrémité finale des fonctions assimilatrices, alors que le stimulus (le sang) arrivé à son état de plus grande perfection à travers tous les appareils qui jusqu'ici ont semblé ne fonctionner que pour le but qui va être atteint (la nutrition); là, chaque molécule sanguine subit sa transformation, la chair coulante se solidifie, là est le foyer de ce mode de calorification.

Tous ces actes sont intimes, moléculaires, insensibles, indépendants de la volonté. Ils présentent cette différence avec ceux de la chaleur nerveuse ou par influx, que ceux-ci se passent sur des stimulus à assimiler plus grossiers, plus hétérogènes, ils sont davantage du domaine de la vie de relation, ils sont jusqu'à un certain point soumis à l'empire de la volonté, mais toujours d'une manière décroissante, d'où il résulte que ces deux modes de calorification se succèdent sans qu'une limite les sépare; ils se fondent, pour ainsi dire, l'un dans l'autre. Cela devait être, puisque dépendants du travail nutritif, ils ont leur summum d'intensité, l'un, à l'extrémité initiale, l'autre, à l'extrémité finale des fonctions assimilatrices.

L'auteur a ici très-habilement établi le lien qui unit la physiologie à la pathologie; là est la transition. Si le stimulus à assimiler, hétérogène dans son principe, est un de ceux qui ne peuvent acquérir l'homogénéité nutritive, il détermine par sa présence dans les premières voies un conflit duquel résulte la chaleur nerveuse, mais une chaleur pathologique, une fièvre. Ou cet hétérogène morbide est rejeté, et la fièvre cesse; ou il va se présenter aux appareils assimilateurs plus intimes, plus éloignés de la vie extérieure, là naîtra la chaleur végétative pathologique, fièvre plus durable, plus générale, fonction morbide, enfin, qui prendra ses caractères de tous les éléments de causalité que chacun devine. Cette théorie de la calorification est très-ingénieuse; elle est appuyée sur un raisonnement juste et philosophique, et il est à regretter que son auteur l'ait introduite comme un hors-d'œuvre dans un traité de thérapeuthique où on va peu la chercher.

En résumant ce que j'ai dit jusqu'ici au sujet de la calorification animale, je trouve que la théorie des chimistes qui avait anciennement prévalu, a été depuis peu d'années remise en honneur par Muller et Liebig, mais avec quelques modifications. Comment se fait-il que ces savants l'aient adoptée exclusivement, alors que tant d'autres qui ne sont pas moins recommandables qu'eux, tels que Adelon, Pidoux, Burdach, etc., l'ont combattue, et en ont présenté chacun une qui lui est diamétralement opposée? C'est qu'il est d'observation que les travaux d'un savant se ressentent du goût particulier de l'auteur; ils portent l'empreinte de la science qu'il cultive avec prédilection, et de l'idée particulière qu'il s'est faite sur la nature des choses. Cette proposition est surtout vraie pour Liebig, qui, plus chimiste que tous les autres, plus qu'eux encore a été exclusif dans sa théorie. Le culte qu'il rend à l'*oxigène,* avec raison il est vrai, en thèse générale, eût été incomplet si, au point de vue des chimistes, générateur de la vie universelle, il ne l'eût été de la chaleur. Si l'on étudie l'acte de la calorification animale dans tous les auteurs que j'ai cités, dans tous on trouvera une très-bonne description du phénomène qui nous occupe; les modifications qu'il subit dans les diverses familles des êtres organisés vivants, leur pouvoir de résistance au chaud et au froid, la mesure thermométrique de leur chaleur propre, et la cause présumée à laquelle ils la doivent, y sont savamment traités; mais dans aucun on ne trouvera sa raison suffisante.

La chaleur est-elle le résultat d'une fonction? Presque tous les physiologistes, moins Chaussier et Boin, me paraissent être d'accord sur ce point. Si beaucoup ne le disent pas très-explicitement, ils l'avouent au moins implicitement, les uns, en lui donnant ce nom, les autres, en l'appelant un acte, un produit, un résultat; dans tous les cas, chacun de ces mots présente la même idée à l'esprit. Mais leur embarras est grand quand ils ont à lui assigner un organe ou un appareil d'organes, comme support, comme instrument. Voyez aussi, — et rien ne prouve mieux combien on est engagé dans une fausse voie, — voyez, dis-je, combien est grande la divergence d'opinions. Il n'est pas d'organe important qui n'ait été accusé d'en être le siége: pour quelques-uns, c'est l'estomac, mais cet organe, tout le monde le sait, est le foyer central de la digestion; pour d'autres, c'est le cerveau, mais il est celui de la pensée au point de vue de l'homme psycologique, celui de l'innervation animale pour l'homme physiologique. Le cœur, le poumon, les capillaires sanguins, les exhalants, les absorbants, ont chacun, bien que solidaires les uns des autres, ainsi que le sont toutes les parties et tous les actes de l'organisme, une fonction qui leur est départie, et qui ne leur est aujourd'hui disputée par personne. La nutrition ou les nutritions, si l'on aime mieux, ont aussi trouvé leur appareil de support. Le tissu vital primitif leur a été assigné avec juste raison, et, ce qui a lieu de m'étonner, c'est que le docteur Pidoux, qui plus que les autres a prouvé combien était vraie cette localisation, ait voulu faire accomplir à ce tissu le double rôle de foyer de nutrition, et de foyer de calorification. Bien plus, l'incitateur de ces deux fonctions serait le même; partant, support et stimulus recevraient leur raison d'activité de la même force de capacité réciproque. Cette théorie est inadmissible, car en bonne logique, deux effets aussi considérables, aussi distincts, ne peuvent en physiologie émaner de la même source. Je ne puis donc admettre que la calorification ait le tissu cellulaire pour organe de support.

Le professeur Adelon nous dit qu'elle a lieu dans le parenchyme de tous les organes; ces parenchymes sont formés d'un tissu complexe, auquel il donne le nom de cellulo-vasculo-nerveux. Je ferai toujours à cette théorie le même reproche qu'à la précédente, car, en synthétisant le tissu parenchymateux, nous le trouvons composé de trois éléments, dont un, le tissu cellulaire, est le point d'appui de la fonction assimilatrice, l'autre, composant l'infini réseau vasculaire, apporte les matériaux organisables, etc.; le dernier enfin, en est le régulateur; je dis seulement régulateur, car la nutrition est possible sans lui, ainsi que le prouve par-dessus tout la vie embryogénique, et qu'une fonction ne peut recevoir sa principale raison d'activité d'un élément auquel elle préexiste.

Si ces faits sont vrais, si le raisonnement qui en découle l'est aussi, il n'existe pas d'organe spécial, ou d'appareil d'organes pour la calorification; aussi ce mot ne doit être conservé que comme une simple abstraction de l'esprit. On pourrait donc dire qu'il n'y a pas de calorification, mais un organisme qui émet du calorique; ou, si l'on veut l'appeler ainsi, je dirai qu'elle est la fonction des fonctions, passez-moi cette expression, car toutes me paraissent devoir contribuer pour leur part à ce grand acte. Ne vaudrait-il pas mieux l'appeler une faculté de l'organisme entier? Dès-lors, le mot *calorification* serait rayé du vocabulaire médical; et de même que l'on dit *contractilité* pour exprimer la faculté qu'ont certains tissus de se contracter, on dirait *calorificité* pour exprimer celle qu'ont les organes de produire de la chaleur.

Il est inutile d'énumérer tous les incitateurs auxquels répond cette faculté. J'indiquerai le froid [1] extérieur

---

[1] Je m'expliquerai plus loin sur la valeur de ce mot.

comme le principal et le plus puissant, et de même que la vie, ainsi que l'ont dit deux illustres antagonistes, Brown et Broussais, ne s'entretient que par des stimulus, la chaleur animale ne s'entretient que par l'action de son stimulus propre, c'est-à-dire par le froid, ou en d'autres termes, par le moyen qui met en jeu la faculté pyrétogénésique de l'organisme. Supposez en effet par la pensée que les tissus soient constamment soustraits à leur stimulus normal, leur vie propre, et par contre-coup la vie générale seront compromises. Supposez aussi le corps plongé pendant un certain temps dans un milieu de température égale à la sienne, il n'y aura plus production de chaleur, ou si l'on veut d'après l'expression du professeur Pelletan ([1]), « le corps n'aura pas de moyen de déperdition de chaleur, » la vie s'éteindra. Mais de même que la soustraction des incitateurs affaiblit la vie, la détruit, de même aussi, leur abus l'épuise, l'anéantit. N'est-ce pas exactement ce qui se passe chez les individus qui s'habituent à se beaucoup chauffer, à se tenir dans une atmosphère habituellement chaude? Ils affaiblissent leur faculté calorigénésique, ils sont frilleux, deviennent maladifs, très-facilement impressionnables par le froid extérieur, se catarrhisent à tout propos; ils ont été privés du stimulus de la caloricité. L'exercice n'est-il pas le stimulus naturel

---

([1]) Mémoire sur les phénomènes de chaleur qui se produisent dans les êtres vivants, inséré dans la *Revue Médicale*, en décembre 1826.

de la contractilité musculaire? Remarquez ce qu'il advient chez l'homme qui en a privé ce système par l'inaction; il devient incapable d'agir.

Si, au contraire, on s'expose pendant un certain temps à un froid vif, l'incitateur a été trop puissant, l'équilibre a été rompu, on a demandé à l'organisme plus qu'il ne pouvait fournir et dépenser de chaleur, son incitabilité s'est épuisée par excès d'action, il a dû succomber. N'en est-il pas de même du système musculaire surmené? Ce que je dis de la calorificité pour l'organisme entier, et de la contractilité pour l'appareil de la locomotion, je pourrais le dire de toutes les facultés, de tous les actes et de toutes les fonctions qui forment le cercle sans commencement et sans fin des opérations vitales.

Mais j'oublie que je n'écris pas un traité de physiologie, et que je dois laisser à de plus savants et de plus habiles que moi, le soin de rechercher si la chaleur animale est le produit d'une fonction, ou d'une faculté inhérente à l'organisme. Il me suffit d'avoir prouvé : 1° que la chaleur animale est indispensable au maintien de la vie, qu'elle est une de ses manifestations les plus prochaines; 2° qu'elle n'est pas le produit d'une seule fonction, pas plus de la digestion que de la respiration; 3° enfin, et pour dire ce qu'elle est, je ne puis mieux faire que de transcrire les paroles d'un auteur [1] qui, après avoir beaucoup fait pour

---

[1] Pidoux, *loc. cit.*

prouver qu'elle est là conséquence d'une fonction, finit par écrire (p. 157), que : « Tous les actes qui concourent au développement et à la conservation de l'être *en tant que vivant*, s'accompagnent d'un dégagement de chaleur et contribuent à produire et à maintenir la température propre de cet être, ainsi qu'à en régler les modifications d'intensité, de résistance et de répartition [1]. »

Cela étant, on concevra facilement l'importance de l'hydrothérapie, en tant que méthode curative, dont un des principaux agents est le froid, mais non pas ce froid brutalement appliqué, ainsi que beaucoup d'empiriques l'ont fait sans discernement, comme sans appréciation de l'état morbide et des facultés pyrétogénésiques individuelles.

(1) Nous ne pouvons pas douter que des phénomènes électriques se passent dans le corps, ils sont encore assez peu étudiés et par conséquent mal appréciés, peut-être un jour mieux connus, nous donneront-ils la raison de la production de la chaleur animale. Nous savons que dans l'ordre physique, la plupart de ces phénomènes donnent lieu à d'énormes dégagements de calorique, et si la chaleur était due, ainsi que l'ont professé Rumford, Davy et tant d'autres, à un mouvement intestin, à une vibration excitée entre les particules des corps plutôt qu'à un fluide que l'on regrette de ne pas voir pour le matérialiser bien vite, que deviendrait la fonction de calorification?

DU FROID.

Dès la plus haute antiquité jusqu'à nos jours, les philosophes et les physiciens ont cherché à déterminer ce qu'étaient le froid et le chaud ; Aritoste les regardait comme un accident, comme une qualité des corps. Les Epicuriens, les Atomistes, et plus tard Lucrèce et Gassendi, croyaient la chaleur produite par des atômes ignés, le froid par des molécules frigorifiques ; la dilatation que subit l'eau dans sa congélation, était pour eux une des preuves les plus suffisantes de la vérité de cette assertion. On n'attendit pas que ce phénomène eût été expliqué par Mairan et Réaumur pour faire justice de cette dernière erreur. Cette opinion qui matérialisait le froid et le chaud, se manifesta de nouveau à une époque bien moins éloignée de nous. Pictet de Genève fit une expérience à l'aide des miroirs paraboliques par laquelle il sembla prouvé que le froid se réfléchissait comme la chaleur; certains physiciens se crurent autorisés par là à conclure qu'il existait des rayons de froid; quelques physiologistes, M. Bérard, entre autres (1), se rangèrent à cette opinion. De même qu'ils reconnaissaient à l'organisme un pouvoir calorifique, ils lui attribuèrent une puissance frigorifique, et cette manière de voir affranchissait de beaucoup d'obstacles leur théorie de la calorification. Il n'est pas plus nécessaire d'admettre deux principes pour expliquer l'électricité positive et négative qui détermine tour à tour dans l'atmosphère le froid le plus intense, comme l'inflammation la plus vive, la chaleur la plus ardente, qu'il n'est besoin de les admettre pour se rendre raison du chaud et du froid, et de tous les effets thermométriques qui leur sont dus. Pourquoi, ainsi que le dit l'illustre Newton, multiplierons-nous les êtres sans nécessité?

Nous pouvons donc dire dans l'état actuel de la science, que le mot *froid* n'a de valeur qu'en tant qu'il présente à l'esprit l'idée d'une chaleur moindre; c'est un état toujours relatif, son appréciation dépend du point de vue où l'on se place. Le maximum de chaleur constaté par nos instruments pyrométriques, a en dessous de lui un nombre infini de degrés de froid, et cependant la neige est encore chaude, puisqu'elle communique son calorique à des corps qui sont infiniment moins chauds qu'elle.

Au point de vue de l'homme qui est ici le sujet de mes

---

(1) Bérard, *loc. cit.*

recherches, j'appelle *froid* tout corps dont la température est en dessous de la sienne, et qui affecte ses facultés tactiles de cette sensation bien connue de tous. Je pourrais dire encore, toujours parlant de l'homme, que les courants de calorique émis, déterminent à la peau la sensation de charme ou de douleur que l'on appelle *froid*, et que les courants de calorique admis causent aussi cette sensation de charme ou de douleur que l'on appelle *chaud*. Après ces explications données, il nous reste acquis, que toutes les fois que j'aurai à parler du moyen soustrayant directement la chaleur, je le représenterai par le mot de convention *froid*.

Nous avons vu dans le chapitre précédent combien était grande l'importance de la chaleur animale pour l'accomplissement de tous les actes de l'organisme, dont elle est tour à tour un effet et un des éléments de causalité; c'est d'ailleurs ainsi que tout se passe dans notre merveilleux ensemble; cela étant, il ne viendra à la pensée de personne de révoquer en doute l'immense influence que doit exercer sa soustraction dans tous ces actes, et je me croirai autorisé à classer le froid sous toutes ses formes parmi les plus puissants modificateurs de l'économie vivante, tant en santé qu'en maladie. Qu'il me soit permis de développer ma pensée, en signalant ses plus remarquables effets.

La puissance calorigénésique de l'homme est telle, qu'il peut être brûlé par sa propre chaleur, comme il l'est par celle du feu. Lepelletier congélant du mercure se fit une escarrhe dans la paume de la main qui reçut le culot du métal congelé. Les parties du corps mortifiées par un froid intense le sont au moins autant par le fait de la brûlure que par celui du retrait ou de la congélation des fluides vitaux, et de la suspension de l'innervation. Je ne suis point ici complétement d'accord avec les physiologistes qui se sont spécialement occupés de cette question, notamment avec le docteur La Corbiere [1] dont les travaux ont enrichi la science du meilleur et du plus complet traité sur le froid, en tant qu'agent prophylactique et thérapeutique. A leur point de vue, la désorganisation des tissus n'est que la conséquence secondaire de l'application du froid; elle est le produit de la réaction d'autant plus vivement sollicitée, que l'appel est fait sur une surface de peu d'étendue, et par un corps plus froid. Un rayon de chaleur n'est pas plus chaud, qu'il provienne du soleil, du feu ou d'un animal; la température plus élevée d'un corps est en raison composée de sa petitesse, et du nombre de rayons qui en émanent. Or, si sur un point de la surface cutanée, l'émission de dix rayons, par exemple, donne lieu à la sensation de froid modéré, celle de vingt, de cent, de mille si l'on veut, — on comprend que je ne puis assigner aucun terme, — déterminera en partant du point extrême de convergence, c'est-à-dire de dehors en dedans, l'ustion de la partie

---

[1] La Corbière, *Traité du Froid de son action et de son emploi,* etc.

traversée, ustion qui sera d'autant plus large et plus profonde, que la cause frigorifique sera plus énergique, que l'action vitale calorigénésique de tout l'organisme se sera concentrée sur la partie attaquée. Ce corps froid aura produit l'effet de la lentille qui fait converger vers un point donné tous les rayons de chaleur que peut produire l'économie animale.

Voyez ce qui se passe dans les congélations partielles, accidents dont nos fastes militaires, de douloureuse mémoire, nous fournissent tant d'exemples. Dans la plupart des cas, la mortification des parties découvertes avait lieu instantanément, la force de résistance vitale abandonnait nos infortunés soldats; ce qui leur restait de puissance calorificatrice vivement mise en jeu, apportait ses produits sur la partie la plus exposée au froid atmosphérique ou terrestre; le nez, les oreilles, les joues, les pieds, les mains, se trouvaient comburés sans même que les pauvres patients en eussent la conscience. Gmelin nous dit avoir été souvent témoin des mêmes faits en Sibérie. Comment en aurait-il été ainsi si la désorganisation eût été le fait de la réaction; comment celle-ci se serait-elle opérée, la cause sidérante persistant avec la même énergie? Je suis loin de nier que cette réaction ait été l'occasion de bien des gangrènes, mais alors le phénomène de congélation s'opère par un autre mécanisme; la cause réfrigérante agit avec moins d'intensité, les rayons de chaleur ne sont point assez multipliés pour désorganiser par eux-mêmes; la réaction vitale a le temps de s'opérer, et si elle est malheureusement aidée par l'approche imprudente des corps chauds, l'irruption est à son comble, la désorganisation devient inévitable, il y a gangrène par réaction. D'autres fois, la vie et l'innervation ne sont que suspendus pendant un certain temps, cette sorte d'hibernation ne doit être détruite que peu à peu; c'est alors que les frictions faites avec la neige sont nécessaires pour éviter le raptus destructeur qui suivrait fatalement un trop prompt réchauffement.

Ecoutons ces quelques lignes du docteur Jauffret (1) qui, quoique se rapportant à la catégorie suivante qui traite de l'application générale du froid, peignent parfaitement bien le phénomène qui m'occupe. « Que de preuves n'en avons-nous pas malheureusement eues dans la campagne de Russie! Sourds à tous les conseils, ne raisonnant plus, entièrement dominés par la sensation actuelle, officiers, soldats, tous se précipitaient autour des granges incendiées; mais bientôt frappés d'une apoplexie foudroyante, ils tombaient dans ce même feu auprès duquel ils croyaient trouver leur salut; d'autres, agités de mouvements convulsifs, devenus tout-à-coup furieux, s'y précipitaient eux-mêmes. De tels exemples ne servaient à rien; ces malheureux étaient bientôt remplacés par d'autres, leur sort était

(1) Jauffret, *Essai sur le Froid et ses effets sur l'homme en particulier*, Paris 1826.

même envié. A l'aspect de ces cadavres brûlés, à l'insensibilité, au peu d'étonnement que causaient de pareilles scènes, on aurait cru voir des barbares accoutumés à des sacrifices humains! »

Si maintenant nous supposons le froid intense appliqué sur toute la surface du corps, l'effet produit différera sensiblement; le rayonnement du calorique sur un seul point n'aura plus lieu, attendu que l'appel sera fait de toutes parts; l'organisme ne suffira plus à produire la chaleur surabondamment soustraite; dans cette attaque, il lui sera impérieusement demandé plus qu'il ne pourra donner, il sera sidéré, il faut qu'il succombe. Dès-lors, il n'y aura plus, par tous ces motifs, gangrène partielle, ni générale; le corps n'aura pu élaborer assez de calorique pour que les tissus soient brûlés; la puissance elle-même de réaction obligée de s'éparpiller sur tous les points de la périphérie sera en moins partout; la mort ne surviendra donc, ni par l'ustion ni par le fait de la gangrène de réaction, mais par celui de l'immense sidération du système nerveux, du refoulement, de l'épaississement des fluides, et consécutivement par l'asphyxie cérébrale.

« Nous avons vu, écrivait l'éloquent Desgenettes [1], sous l'influence des pénibles émotions qu'il avait éprouvées en présence de nos revers militaires de 1812, nous avons

---

[1] Desgenettes, Discours prononcé à la Faculté de Médecine de Paris, 1814.

vu, dit-il, des hommes marchant avec toute l'apparence de l'énergie musculaire la plus prononcée et la mieux soutenue, se plaindre tout-à-coup qu'un voile couvrait incessamment leurs yeux. Ces organes, un moment hagards, devenaient immobiles; tous les muscles du cou, et plus particulièrement les sterno-mastoïdiens, se raidissaient et fixaient peu à peu la tête à droite ou à gauche; la raideur gagnait le tronc, les membres abdominaux se fléchissaient alors, et ces hommes tombaient à terre, offrant pour compléter cet effrayant tableau, tous les symptômes de la catalepsie ou de l'épilepsie. »

Supposons cependant que la cause agissante soit un peu moins énergique; la lutte devient alors plus égale, la victoire plus ou moins longtemps disputée peut rester au principe vital, il conservera son privilége. L'équilibre, apanage des corps inorganiques ne s'établira pas, et pour assurer son triomphe sur les forces physiques, il déploiera au plus haut degré celles qui lui sont propres; la calorification, la surexcitation seront en plus; la fièvre de réaction apparaîtra, et ce ne sera que plus tard, que l'organe faible, prédisposé, deviendra le centre d'une fluxion d'où partiront de nouvelles irradiations. Le sujet sera atteint d'une fièvre imflammatoire, rhumatismale, d'une pneumonie, d'une gastro-entérite, etc. Puisque ces quelques considérations m'ont conduit sur le chemin de la pathogénésie, je lui consacrerai quelques lignes encore.

Tous les pathologistes assignent une large place étéologique au froid dans la production des maladies, soit qu'il agisse comme agent direct, soit qu'il supprime la sueur ou la perspiration cutanée insensible. Mais en général, les auteurs se contentent de signaler ce fait, sans indiquer le mécanisme de l'acte pathogénétique. Un refroidissement peut être cause déterminante de la plupart des maladies; — c'est une vérité qui court le monde, — mais pour lui, un coup d'air, une sueur rentrée, ne sont que des faits matériels, donnant lieu à une maladie, ou plutôt à une entité morbide, qu'il ne définit pas, dont il ne se rend pas même raison, ce qui devient la source de préjugés souvent fort pernicieux. Le médecin physiologiste est obligé de fouiller plus avant dans la nature plus intime des choses de la vie. Je vais donc tâcher de me rendre compte de l'effet de ce qu'on appelle coup d'air, en tant que cause de maladie.

Il n'est personne qui ne se souvienne avoir été fâcheusement impressionné par un courant d'air froid, alors qu'il était en sueur, ou simplement échauffé par la marche, la course, par un exercice un peu forcé, ou en proie à une vive émotion morale. L'organisme est surexcité, il met en jeu toutes ses forces vives, la circulation est plus active, le sang traverse les organes avec plus d'énergie, plus de rapidité; de ce mouvement vital anormal résulte une sorte d'état congestif pléthorique, qui n'est point encore pathologique, mais qui va le devenir, si une cause quelconque survient, et surtout s'il y a réceptivité morbide. Tout d'un coup une *partie* du corps est frappée par l'air froid, celui-ci demande à se mettre en équilibre de température; dès-lors, des courants s'établissent à travers la partie qui se refroidit, les foyers de calorification apportent leur produit au point attaqué, et attendu que la réfrigération supposée n'est point assez forte pour sidérer le système nerveux, encore moins pour comburer les tissus, la réaction locale s'opère, d'autant plus puissante que le froid est relativement plus vif. De même que les rayons de chaleur y avaient abondé, les fluides vitaux s'y précipitent de toutes parts, non point avec la vélocité désorganisatrice qui accompagne l'action du froid intense, mais assez vivement pour congester les organes qui supportent l'insulte du modificateur.

C'en est bien assez pour motiver la plupart des affections morbides depuis le simple erythème, l'inflammation du tissu cellulaire, les souffrances du système musculaire des tissus fibreux, jusqu'aux phlegmasies les plus intenses des viscères. On conçoit, du reste, que la même cause n'est productrice de ces effets si différents en apparence, qu'en raison de son intensité d'action, de l'idiosyncrasie du sujet, de sa prédisposition, des harmonies sympathiques qui lient la partie atteinte avec d'autres plus ou moins éloignées, etc. L'organe frappé est ici atteint de prime abord, sans la participation en quelque sorte de tout l'organisme à son malaise; c'est de lui que partiront les irradiations fébriles, la fièvre sera secondaire. Il se fait une incubation morbide de plus ou moins longue durée, qui avortera ou deviendra un rhumatisme, un érysipèle, une pleurésie, une pneumonie ou une gastro-entérite. C'est cette incubation apyrétique qui nous explique pourquoi la manifestation pathologique ne se fait le plus souvent que plusieurs jours après l'exposition à la cause efficiente, pourquoi certains malades se souviennent à peine s'ils ont été exposés à une vicissitude atmosphérique, qui n'a quelquefois été suivie que d'un malaise insignifiant.

Je viens de dire que la maladie avortait parfois, je pourrais dire souvent et bien souvent, car ici, il n'y a pas rapport nécessaire direct de cause à effet; aucun hétérogène morbifique n'est introduit dans l'économie, des sucs mal élaborés n'auront pas encore abordé au lieu du mal; la puissance vitale n'ayant rien à éliminer, n'aura que peu d'efforts à faire pour assurer l'équilibre chancelant mais non encore détruit; un exercice musculaire au moins égal à celui qui a précédé l'atteinte, ou à défaut, une sudation artificiellement produite par les moyens connus, suffiront presque toujours à provoquer la réaction générale, et à empêcher le développement du mal. Malheureusement, le médecin tardivement appelé ne peut plus, s'ils ont été négligés, user de ces moyens qui, au lieu d'être prophylactiques, seraient incendiaires. Heureux ses malades, quand il sait déterminer si les efforts médicateurs de la nature suffiront à opérer la guérison, ou s'il doit provoquer ces mouvements à l'aide des remèdes!

J'expliquerai de la même manière les pernicieux effets de l'ingestion de l'eau froide, le corps étant dans les conditions pléthoriques que j'ai indiquées, mais, dans l'un comme dans l'autre cas, ne perdons pas de vue que la cause réfrigérante agit sur une surface de peau interne ou externe de peu d'étendue, relativement à la surface totale; voilà pourquoi l'on dit généralement qu'il y a moins de danger à s'exposer au refroidissement en rase campagne, que de subir les impressions d'un courant d'air. Je reviendrai plus tard à cette observation qui doit nous donner une des raisons de l'inocuité du froid appliqué à toute l'étendue de la peau.

Les réflexions précédentes auxquelles je me suis peut-être un peu plus longuement livré que semble le demander le sujet que je traite, ne lui sont cependant pas si étrangères qu'il le paraîtrait de prime abord. Après m'être imposé la tâche de présenter les effets d'un des plus puissants modificateurs pris dans l'ordre physique, je ne pouvais manquer d'esquisser le tableau, un peu rembruni il est vrai, de ses effets delétères. J'aurais pu montrer l'homme cosmopolite, l'habitant de la Sibérie, de la baie d'Hudson, de la Nouvelle-Zemble, opposant une résistance active aux degrés de froid les plus inouïs des régions polaires. (Delisle a vu, en 1738, à Kirenga, en Sibérie, des hommes et quelques animaux, supporter un froid de 70° de son thermomètre, = 46° 1/3 centigr.) J'aurais pu le montrer aussi, vivant sous l'équateur et résistant aux feux de la zone torride ; on sait l'histoire de ces filles d'un boulanger qui supportaient sans incommodité et pendant 12 minutes la chaleur d'un four prêt à cuire le pain. Fordyre, Blagden, Dobson, Berger, Delaroche, ont eux-mêmes répété cette expérience.

C'eût été la partie poétique de la question, celle-là, je me la suis interdite, non qu'elle puisse le moins du monde m'être indifférente, mais, ayant été traitée par bien des plumes savantes et habiles, ce que j'aurais à dire ne serait qu'une pâle copie d'inimitables modèles. J'abandonne donc l'étude de l'action du froid intense, qui n'est que peu usité en thérapeutique, pour examiner celle du froid modéré sur l'organisme vivant.

Le froid modéré n'est pas et ne peut être un état absolu, aussi me garderai-je de lui assigner un point de l'échelle thermométrique ; il est toujours relatif aux conditions dans lesquelles se trouve actuellement la puissance calorigénésique de l'individu. L'âge, le sexe, le tempérament, l'idiosyncrasie, la santé, la maladie, la force, la faiblesse, la faim, la satiété, le repos, le mouvement, l'habitude, l'état moral enfin, sont autant de circonstances modificatrices que je signale sans entrer dans les développements propres à chacune d'elles. Tout le monde sait combien sont faibles les foyers de calorification chez le jeune enfant et chez le vieillard, chez l'homme énervé ou convalescent ; la femme est plus sensible aux agents extérieurs pendant sa vie génitale ; les individus à tempérament sanguino-neryeux sont plus péniblement impressionnés par le froid, que ceux chez lesquels la lymphe, les systèmes cellulaire et musculaire prédominent. Je connais des personnes saines qui ne peuvent rester dans un bain d'eau tempérée sans être obligées de le refroidir ; j'en connais jouissant d'ailleurs d'une santé également bonne, qui grelottent dans l'eau à la même température, et sont obligées, après l'avoir portée d'abord à celle qui leur convient le mieux, de la réchauffer sans cesse. Il y a bien chez les unes comme chez les autres une chaleur foncière égale, mais les premières sont douées d'une puissance calorigénésique actuellement plus grande, et d'une sensibilité moindre ; elles sont d'un tempérament lymphatique, les secondes, sanguino-nerveuses, sont infiniment plus sensibles aux pertes de calorique, elles en produisent actuellement moins.

Je me hâte de donner quelques explications sur ces propositions qui semblent contredire ce que j'ai avancé ailleurs, c'est-à-dire que l'énergie de la calorification est en raison directe de celle de tous les actes vitaux ; or, le tempérament sanguin-nerveux étant le type de l'activité fonctionnelle et vitale, doit être celui de l'activité pyrétogénésique, mais, ce qu'il ne faut pas oublier, et c'est là le point capital, c'est qu'il est aussi celui de la sensibilité la plus exquise, et que chez les sujets qui en sont doués, tous les modificateurs sont plus vivement sentis, même à faible dose ; par conséquent, le froid (et le bain en question sera froid, fut-il à 25° R., qui est une température plus basse que celle de l'homme) produira sur lui son effet sidérant, et par là seront plus ou moins enrayés les actes vitaux ainsi que le phénomène qui leur est attribué.

Le célèbre Dumas, de Montpellier, donna le nom de *force de résistance vitale,* à une faculté de l'organisme bien distincte des autres forces de la vie, et surtout de la puissance d'assimilation. Cette force, qui n'est l'apanage spécial d'aucune constitution, d'aucun tempérament, que rien de matériellement saisissable ne fait pressentir à l'observateur, et qui cependant se révèle à lui, s'il veut se donner la peine de la rechercher chez le sujet de son observation, cette force, dis-je, peut être à son maximum chez l'être le moins vigoureux en apparence, et à son minimum chez l'homme le plus athlétiquement constitué. C'est elle qui nous explique pourquoi les uns, très-fluets, à allure souffreteuse, pâles, amaigris, d'apparence maladive, résistent aux peines morales, aux douleurs physiques, aux veilles, aux plus rudes travaux, à toutes les influences morbigènes, vivent même en compagnie de lésions organiques assez importantes, sans en être notablement incommodés. Pourquoi les autres, avec les apparences de la santé la plus désirable, dans les conditions physiques et vitales les plus diamétralement opposées, ne réagissent que très-faiblement contre tous les agents que j'ai énumérés : la moindre douleur les énerve, la vue ou la perte de quelques gouttes de sang les met en syncope ; ils ne passeront pas au bord d'un marais sans contracter une fièvre effluvéenne, n'entreront pas dans un hôpital sans en rapporter une indisposition, ils subiront les premiers les effets d'une invasion épidémique; ils seront surtout privés de cette puissance d'excitation et de sédation spontanées, à l'aide de laquelle les êtres vivants résistent aux plus grandes variations de température; ils seront engourdis par le moindre froid, énervés par la moindre chaleur. Néanmoins, leurs fonctions s'exécuteront bien, mais leur calorification sera en moins. Je dirai donc avec Dumas que chez ceux-ci manque la force de résistance vitale; non pas que je veuille faire une entité physiologique de cette force que j'admets comme une abstraction présentant l'idée de grand fait physiologique vrai dans tous les temps. J'aime autant m'arrêter à cette dénomination que me jeter plus avant dans le champ de l'inconnu, car je sens que je ne serais guère plus avancé si j'indiquais le système nerveux ganglionnaire comme son moteur ou son siége.

Ces réflexions me paraissent devoir être fécondes en résultats thérapeutiques; elles rappellent au praticien combien il est important qu'il soit éclairé sur le tempérament, sur la susceptibilité et sur la force de résistance vitale de son malade, avant d'oser lui prescrire un médicament actif, et certes, l'application du froid en maladie occupe une large place parmi ceux-ci.

Si, comme je l'ai déjà dit, la chaleur animale, en même temps qu'elle est une émanation de la vie, est un de ses stimulus, une de ses conditions d'existence, si elle concourt si efficacemment à l'entretien du libre exercice de tous les actes vitaux, sa soustraction dans de certaines proportions doit déterminer la sédation la plus radicale et la plus absolue. Sous cette influence, toutes les fonctions languissent, l'innervation s'abaisse, la circulation, la respiration, la digestion, se ralentissent ; les fonctions plastiques subissent le même sort. Or, le moyen auquel tous ces effets dépressifs peuvent être attribués, sera l'antiphlogistique, le contro-stimulant, le sédatif par excellence, puisqu'il les produira de la manière la plus directe, la plus absolue, sans altérer les organes, sans les intoxiquer, et sans spoliation (aiusi que le font les saignées et les évacuants), physiologiquement en un mot. L'affaiblissement produit, quoique radical, ne persistera pas au-delà de la volonté de celui qui l'aura sollicité, si toutefois les conditions de son application sont bien observées, ce qui me paraît toujours possible avec de l'attention et de l'expérience. Il est inutile de citer à l'appui de ces propositions les opinions des docteurs Pidoux, La Corbière, etc. C'est un fait incontesté. A côté de cette propriété du froid, il en est une autre dont l'importance est au moins égale, c'est celle de déterminer une réaction qui est toujours en rapport avec sa dose et le degré de vitalité qui anime le sujet ; cette réaction ne peut s'opérer sans qu'il y ait accélération de tous les actes vitaux, il n'y a pas seulement retour à l'état normal, il y a impulsion centrifuge, exagération même d'action, fièvre physiologique; c'est toujours ainsi que cela se passe dans notre économie, toutes les fois qu'une cause dépressive, anti-vitale a été vaincue. Et pour parler à l'esprit d'une manière plus intelligible, je dirai par exemple, et sans m'astreindre à la rigueur mathématique, que si, dans l'état physiologique, les mouvements vitaux sont représentés par dix, l'influence sidérante du froid les réduira à cinq, et l'effort réactionnel les élèvera à quinze. Si donc, l'effet secondaire du froid est d'animer et d'augmenter la vascularité, de développer l'expansion d'une manière générale, harmonieuse, égale et spontanée, il ne peut manquer de mettre vivement en jeu la force d'assimilation, et à tous ces titres nous l'appellerons *tonique indirect*, en ce qu'il produit cet effet à l'aide de la médiation physiologique de son action primitive. Disons en passant que la psychothérapie a su tirer un excellent parti de cette propriété.

Voilà donc un agent en possession, et au plus haut degré, des deux propriétés les plus diamétralement opposées; c'est un caractère qui lui est commun avec beaucoup de médicaments à forte action. Mais il n'en est pas de lui comme de l'opium par exemple, qui est alternativement excitant et stupéfiant, de l'émétique qui sollicite le vomissement ou abaisse la vitalité par son action contro-stimulante, je dirai intoxicante, et j'y suis autorisé parce que je l'ai vu. Hélas! nous savons tous combien sont incertains leurs effets et ceux de tous les agents médicamenteux dont se glorifie la matière médicale. Que de fois, désirant obtenir un sommeil bienfaisant à l'aide de l'opium, n'a-t-on obtenu qu'une surexcitation du système nerveux! que de malades ont été superpurgés par le tartre stibié auquel on ne demandait qu'un effet dépressif! et cependant ce sont des remèdes héroïques que je suis loin de répudier, car je leur ai vu souvent rendre d'éminents services; mais j'en suis à regretter que nous manquions de données suffisantes pour déterminer à *priori* s'ils seront suivis de tel résultat primitif pathogénésique ou plutôt physiologique, que nous recherchons d'abord. — Notez que je ne discute point la question d'opportunité d'application ou de résultat thérapeutique. — Le froid, au contraire, que nous investissons sans hésitation, appuyés que nous sommes par l'autorité des noms les plus recommandables, de la double propriété de sidérer et de tonifier, produira ces deux effets d'une manière inévitable, au gré de celui qui l'applique; les lois qui doivent le guider sont positives, invariables autant cependant que le comporte la mobilité vitale; mais toujours est-il que le médecin, lorsqu'il s'en sert, a l'immense avantage de pouvoir tâter l'organisme qui lui est présenté, et de juger bien vite de son degré de réceptivité et de sa force réactionnelle. Il n'en est certainement pas de même des autres moyens thérapeutiques, qui, une fois livrés au torrent circulatoire, ou mis en présence de la muqueuse, doivent y produire leurs effets, bon gré, mal gré. Il n'en est pas de même non plus de tous les moyens spoliatifs qui quelquefois ruinent, énervent l'organisme pour longtemps.

L'hyposthénisation déterminée par le froid persiste aussi longtemps que le moyen réfrigérant est moins chaud que le corps auquel il est appliqué; or, le médecin et le malade seront aptes à juger de cette condition: l'un, par l'état du pouls, par la coloration de la peau, etc., l'autre, par les sensations qu'il percevra lui-même. Si l'agent de sédation est dirigé contre une douleur, contre une erysipèle, un état fébrile général, qui s'en trouvent avantageusement modifiés, le retour de la souffrance, de la rougeur erysipélateuse, de la fièvre indiqueront le commencement de la réaction, qu'il nous sera permis de laisser s'opérer, d'arrêter ou de modérer à notre gré, selon que la guérison est ou non obtenue. Et ceci n'est point une pure supposition, une idée spéculative; prenez la peine de lire l'ouvrage du docteur La Corbière qui résume ce qui a été fait et écrit jusqu'à lui sur ce sujet, et vous serez convaincus, non-seulement de l'action sidérante que le froid exerce sur le système nerveux, siége de toutes les douleurs, mais encore de la faculté qu'il a de ralentir la circulation, de diminuer les mouvements vitaux, physiologiques et pathologiques, de celle enfin d'empêcher l'abord des fluides qui affluent vers les points enflammés, soit par refoulement de ces fluides, soit en les condensant par la privation du calorique qui est interposé entre leurs molécules, soit en rétrécissant le calibre des capillaires. Tous ces faits physiques et vitaux ne font pas question.

L'effet sédatif persiste donc aussi longtemps que dure la dépression, la concentration, l'impulsion centripète. Bientôt la force réfrigérante étant épuisée, l'équilibre se rétablit; il est encore de nouveau rompu, mais cette fois c'est dans un sens inverse, c'est une révolte de l'organisme contre la force déprimante qui vient de fléchir, ou qui, persistante, a suffisamment titillé les forces vitales pour qu'elles devinssent à leur tour dominatrices; le mouvement expansif centrifuge a eu lieu, la réaction s'est opérée; ici le froid est devenu tonique. On comprend du reste que l'un et l'autre effet sont subordonnés, non-seulement aux conditions individuelles que j'ai énumérées plus haut, mais encore à celles de la durée d'application et d'intensité du modificateur. C'est le médecin qui est seul à même d'en juger.

Il me reste à dire un mot sur une médication obtenue à l'aide du froid; elle est résultante des deux effets alternatifs de ce modificateur; je veux parler de la médication perturbatrice. On dit qu'un moyen est perturbateur, lorsqu'il est appliqué en vue de rompre le rhythme morbide dont un ou plusieurs organes sont le siége. Il est malheureusement bien des cas mal définis, où il n'est pas donné au médecin d'appliquer une méthode calculée de traitement; il a fait, et sans succès, tout ce qui était rationnellement indiqué; qui oserait le blâmer d'avoir recours alors à cette médecine perturbatrice que quelques-uns disent un peu surannée, que beaucoup d'autres respectent encore;

n'est-elle pas en d'habiles mains une précieuse ressource? On a voulu, grâces à la manie d'expliquer tous les phénomènes qui frappent nos sens, rendre compte du mode d'action de tant de remèdes qui ne sont le plus souvent en définitive que des moyens perturbateurs, mais dont le nom a été déguisé sous celui qui semblait plus rationnel de *révulsifs*, de *contro-stimulants*, de *substitutifs*, d'*anti-spasmodiques*, etc. Que sont-ils donc tous ceux-ci, les derniers surtout, dont l'infidélité d'action pourrait devenir proverbiale, si ce n'est des moyens de provoquer dans l'économie une perturbation plus ou moins violente, insolite, rapide, par toutes les voies praticables, et qui a pour but final d'intervertir les tendances et les directions vicieuses des forces de la vie? Eh bien, tous ces effets je les revendique en faveur du froid appliqué à l'organisme vivant, et ces effets résulteront des secousses alternatives et réitérées de sédation et de réaction. Mais on ne doit pas se le dissimuler, plus le moyen est énergique, plus l'arme est puissante, plus la main qui s'en sert doit être prudente et exercée.

FIN

www.ingramcontent.com/pod-product-compliance
Ingram Content Group UK Ltd.
Pitfield, Milton Keynes, MK11 3LW, UK
UKHW020426230726
13925UKWH00004B/1623